Julia Braun

Physisch-geographische Genese und touristische Potenziale der Hohen Tatra

GRIN Verlag

Bibliografische Information der Deutschen Nationalbibliothek:

Die Deutsche Bibliothek verzeichnet diese Publikation in der Deutschen National-
bibliografie; detaillierte bibliografische Daten sind im Internet über http://dnb.d-
nb.de/ abrufbar.

Impressum:

Copyright © 2010 GRIN Verlag GmbH
Druck und Bindung: Books on Demand GmbH, Norderstedt Germany
ISBN: 978-3-656-11412-3

Dieses Buch bei GRIN:

http://www.grin.com/de/e-book/187952/physisch-geographische-genese-und-tou-
ristische-potenziale-der-hohen-tatra

RWTH Aachen
Geographisches Institut
Regionalseminar
Sommersemester 2010
Hausarbeit

25.03.2010

Physisch - geographische Genese und touristische Potenziale der Hohen Tatra

Julia Braun

Julia Braun

4. Semester
Studiengang: B.Sc. Angewandte Geographie

Inhaltsverzeichnis

1 Einleitung

Zerklüftete Felsen, weitläufige Landschaften, tiefe Canyons, präparierte Skipisten und heiße Thermalquellen. All diese Elemente findet man im flächenmäßig kleinsten Hochgebirge der Welt, der Hohen Tatra, einem Teilgebirge der Karpaten. Die Entstehungsgeschichte dieses Höhenzuges ist ebenso faszinierend wie seine Bedeutung in heutiger Zeit. Ein fast vergessenes Fleckchen Erde in der Grenzregion zwischen Polen und der Slowakei, das zwar einige wenige begeisterte Sympathisant vorzuweisen hat, aber dennoch als weitestgehend unbekannt gilt. Die vorliegende Arbeit soll einen Überblick über die Entstehung der Hohen Tatra geben. Es stellt sich die Frage, ob ein Zusammenhang zwischen dem Karpatengebirge und den Ostalpen besteht.

Des Weiteren wird die Entwicklung des touristischen Potenzials dieser Region näher erläutert. Es wird der Frage nachgegangen, in wie weit sich das Gebiet um die Hohe Tatra während der letzten Jahrhunderte entwickelt hat und vor allem, wie das Reservoir an touristischen Kapazitäten ausgebaut wurde.

Die Arbeit soll die Region um die Hohe Tatra näher erläutern, den geologisch-tektonischen Werdegang des Gebirges beschreiben und die fremdenverkehrliche Nutzung der Slowakei und Polens im Bereich der Hohen Tatra darlegen.

2 Physisch-geographische Genese der Hohen Tatra

Die Karpaten sind sowohl aus geologischer als auch aus morphologischer Sicht der östliche Fortlauf der Alpen. Das Gebirge gliedert sich in insgesamt drei Teile, die Westkarpaten im Grenzgebiet zwischen Polen und der Slowakei, die Waldkarpaten, die sich vom Ostrand der Westkarpaten in süd-östlicher Richtung bis hin zu den Ostkarpaten in der Ukraine erstrecken, sowie die Südkarpaten, die wiederum im Zentrum von Rumänien in West-Ost-Richtung verlaufen (SUCCOW 1990:159).

Die folgende physische Karte zeigt den gesamten Verlauf der Karpaten durch alle vier Nationen.

Abb. 1: Physische Karte der Karpaten

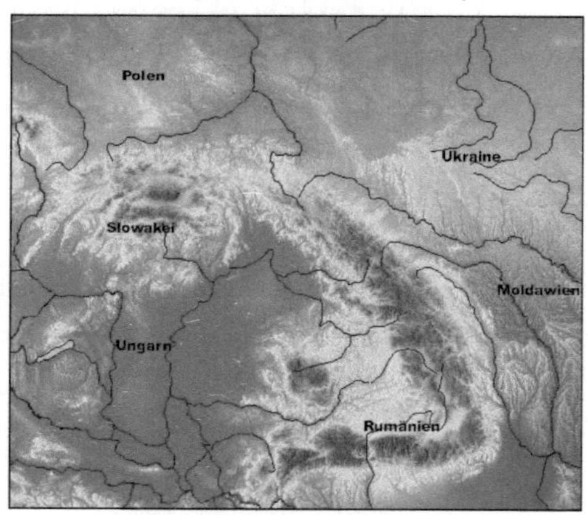

Quelle: www.google-maps.de

Die Hohe Tatra in den Westkarpaten zählt zu den kleinsten Hochgebirgen der Welt. Als Hochgebirge wird im Allgemeinen eine größere Vollform bezeichnet, „die sich bedeutend über den Meeresspiegel erhebt und über spezielle ökologische Merkmale verfügt" (LESER 2005:351). Der höchste Berg der Slowakei, der Gerlachovský mit einer Höhe von 2655 m befindet sich im Zentrum der Hohen Tatra und ist gleichzeitig auch der höchste Berg der Karpaten. Der höchste Berg auf polnischer Seite ist der Rysy, zu Deutsch -Meeraugspitze-, mit einer Höhe von 2503 m. Es wird vermutet, dass die Hohe Tatra während des Paläozoikums entstanden ist, aber sich erst vor etwa 1 Million Jahre als kontinentales Hochgebirge stabilisierte. Das heutige Erscheinungsbild ist auf die Aufeinanderfolge von Eiszeiten, Vergletscherungen und Eisschmelzen

4

zurückzuführen. Ihren typisch alpinen Charakter erhielt das Gebiet nach der letzten Eiszeit, der Weichsel-/Würmeiszeit vor rund 9000 Jahren. Das Gebiet um die Hohe Tatra ist geprägt von glazialen Formen, so sind beispielsweise Trogtäler, zerklüftete Grade, Kare, Moränenwelle und Gletscherseen in weiten Teilen der Region zu finden. Diese alpinen Grundelemente weisen darauf hin, dass die Karpaten und die Ostalpen in engem tektonischem Zusammenhang stehen. „Die Westkarpaten stellen zweifelsfrei die Fortsetzung der nördlichen Falten- und Deckenzüge der Ostalpen dar" (BARSCH/KRÜGER 1989:234).

2.1 Geographische Einordnung des Tatra Gebirges

Die Hohe Tatra bildet den nördlichsten Teil des 1200 km langen Karpatenbogens und zählt zu den Westkarpaten. Das Hochgebirge erstreckt sich auf einer Länge von rund 51 km zwischen den Gebirgspässen Hucianska und Zdziarska zu beiden Seiten der polnisch-slowakischen Grenze (GAWIN/SCHULZE 2006:10). Die Einordnung im Gradnetz der Erde zeigt, dass sich das Gebiet um die Hohe Tatra auf einer geographischen Breite von etwa 49° und einer geographischen Länge von 19°50' befindet. Die Hohe Tatra gehört zu einem Fünftel zu Polen und zu vier Fünfteln zur Slowakei. Das gesamte Areal ist als Nationalpark deklariert und steht unter besonderem Schutz der UNESCO. Die aus touristischer Sicht wichtigste Stadt in diesem Gebiet ist Zakopane im Norden, auf polnischem Territorium.

2.2 Klimatische Gegebenheiten der Hohen Tatra

Die klimatischen Bedingungen in einem der kleinsten Hochgebirge der Welt sind zweifelsohne sehr außergewöhnliche. An 120 Tagen im Jahr liegen die Durchschnittstemperaturen in der Hohen Tatra unter dem Gefrierpunkt und etwa 25 % aller Niederschläge fallen als Schnee (GAWIN/SCHULZE 2006:13). Das Klima ist zum einen geprägt durch die östliche Lage des Gebirges, zum andern durch die vertikale Gliederung des Gebirgslaufs, sowie durch eine erhebliche Nord-Süd-Differenzierung vor allem im Hinblick auf die Niederschlagssummen. Das folgende Diagramm zeigt die klimatischen Gegebenheiten der Hohen Tatra in nordwest-südöstlichem Verlauf von Zakopane im Norden bis Poprad im Süden des Gebirges.

Tab.1: Klimawerte der Hohen Tatra

Klimatische Einordnung der Hohen Tatra in einem Nordwest-Südost-Profil von Zakopane nach Poprad		
Kennwert	**Zakopane**	**Poprad**
Höhe (m)	845	703
Mittlere Januartemperatur (°C)	-4,9	-5,8
Mittlere Julitemperatur (°C)	14,7	16,5
Jahresniederschlag (mm)	1122	610
Vegetationsperiode (Tage)	173	190

Quelle: Barsch/Krüger 1989:239   Entwurf: Eigener

Deutlich wird vor allem die Differenzierung der Niederschlagswerte. Beträgt die Jahresniederschlagsmenge in Zakopane 1107 mm, so liegt sie im südlich gelegenen Poprad bei lediglich 579 mm. Auch die Vegetationsperiode bei einer Mitteltemperatur von etwa 5°C ist in Poprad mit 190 Tagen höher als in Zakopane. „Die innere klimatische Differenzierung des Gebirgskomplexes ergibt sich primär aus den Höhenlagen und der Exposition einzelner Räume" (BARSCH/KRÜGER 1989:239). Zurückzuführen ist diese Unterteilung auf die unterschiedliche Sonneneinstrahlung, die Temperaturgegensätze und die Niederschlagsverteilung. Außerdem bildet der Gebirgskomplex eine natürliche Barriere für den, aus Süd-Westen kommenden Westwind. So entsteht der so genannte -Halny-, ein Föhnwind, von dem vor allem die Stadt Zakopane betroffen ist. Hauptsächlich in den Sommermonaten kommt es zu intensiven vertikalen Luftmassenaustauschprozessen, die häufig zu Gewittern führen. Die folgenden beiden Klimadiagramme verdeutlichen die klimatischen Unterschiede zwischen den beiden Städten Zakopane im Norden und Poprad im Süden der Hohen Tatra zusätzlich.

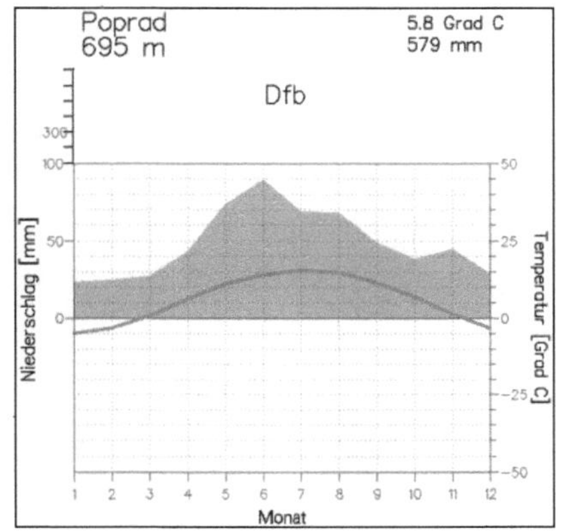

Quelle: www.klimadiagramme.de

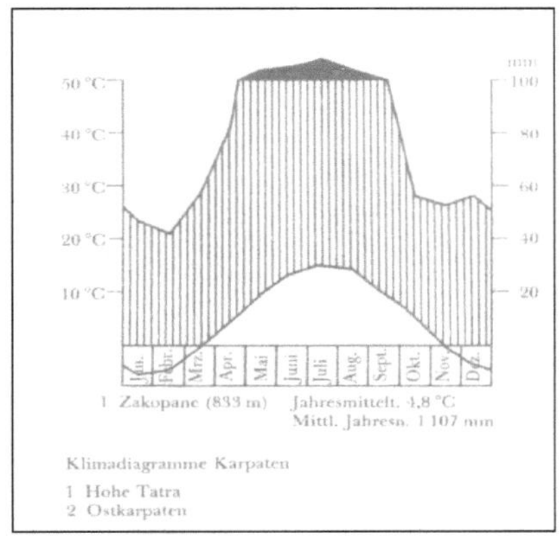

Quelle: Succow 1989:162

Diese klimatische Differenzierung in der Region der Hohen Tatra bedingt die Ausbildung von insgesamt sechs Vegetationshöhenstufen. Die unterste, submontane Höhenstufe war vor der Besiedelung des Gebietes geprägt von Eichen- und Hainbuchenmischwäldern, heute jedoch findet man hier vorwiegend landwirtschaftlich genutzte Fläche vor. Der montane Tannen- und Buchenwald besteht gegenwärtig nur noch zu etwa 3 % aus Laubbäumen, denn ganze 70 % der Tatrawälder werden von Fichten eingenommen. Die montane Höhenstufe ist stark forstwirtschaftlich geprägt und für die Bevölkerung, im Hinblick auf den Export von Holz, auch von kommerziellem Interesse. In der folgenden hochmontanen Höhenstufe ist die natürliche Baumgrenze zu finden, die mittlerweile bei einer Höhe von etwa 1600 m liegt. Vor der Besiedelung der Region und den damit verbundenen fortschreitenden Rodungen der Wälder, lag diese Grenze 200 m höher. Oberhalb von 1600 m beginnt die subalpine Zone, die von Sträuchern, Bergkiefern und blühenden Pflanzen aller Art dominiert wird. Es folgt die alpine Höhenstufe, wo auf Grund der klimatischen Verhältnisse, der Bodenbeschaffenheit und der Exposition viele verschiedene Arten von Gräsern, Moosen und Flechten zu finden sind. Bei etwa 2250 m eröffnet sich die höchste, die subalpine Stufe der Hohen Tatra. Abbildung vier zeigt die Abfolge der einzelnen Höhenstufen und nennt den jeweiligen dazugehörigen Vegetationstypen (SUCCOW 1989:159-163).

Abb. 4: Höhenstufen der natürlichen Vegetation in den Westkarpaten

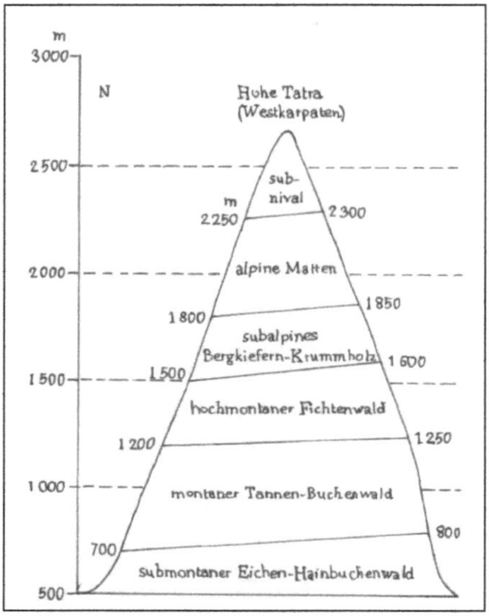

Quelle: Succow 1989:163

Die vorherrschenden Pflanzenarten, aber auch die Tierwelt in den Karpaten sind ähnlich denen der Alpen und dies wiederum lässt darauf schließen, dass ein Zusammenhang zwischen den Westkarpaten und den Ostalpen bestehen muss.

2.3 Die Entstehungsgeschichte und der geologisch-tektonische Bau der Hohen Tatra

Genauso wie auch die Alpen zählt der Karpatenbogen zu den jüngeren Gebirgen der Erde. Die alpidische Faltung der Hohen Tatra fand hauptsächliche vor etwa 60 Millionen Jahren im Alttertiär statt, ebenso wie die Faltung der Ostalpen (Haltenberger 1962:397). Das kleine Hochgebirge besteht vornehmlich aus Graniten, wobei in einigen Teilen im Norden der Hohen Tatra auch kristalliner Schiefer und kalkreiches Sedimentgestein aus der Trias zu finden sind (SUCCOW 1989:159).

Die Entwicklungsgeschichte der alpiden Gebirge beginnt ursprünglich vor etwa 220 Millionen Jahren mit dem Zerfall Pangäas, dem Urkontinent, aus dem sich schrittweise die heutigen Kontinente ausbildeten. Auf Grund verschiedener Subduktionsvorgänge driftete die Afrikanische Platte gegen die Eurasische und es kam zur Kollision kontinentaler Krustenmasse. Es folgten verschiedene Faltungsvorgänge und Überschiebungen von Gesteinsdecken, die sich zu unterschiedlichen Zeitpunkten ereigneten, sowie eine Verlagerung mesozoischer Sedimentschichten von Süden aus über das Kristallin der Hohen Tatra. „Im Zusammenhang mit den Hauptfaltungen in den Westkarpaten während des Oberkarbons wurden mesozoische Gesteinsserien, teilweise auch gemeinsam mit kristallinen Massen, über die Kerngebiete hinweggeschoben" (BARSCH/KRÜGER 1989:234). Die Hohe Tatra lässt sich in insgesamt vier tektonische Einheiten gliedern. Die kristalline Kernzone, die hoch- und subtatrische Serie und die so genannte Flyschzone. Der kristalline Kern wird dominiert von Granodioriten, die eng mit dem Granit verwandt sind. Angrenzend finden sich vorwiegend metamorphe Gesteinsschichten. Bei der Verfaltung dieser Schichten wurden die weniger widerstandsfähigen Granodioriten zerstört (BARSCH/KRÜGER 1989:234). Es bildeten sich Mylonitgesteine, also solche Gesteine, die bei der Erdkrustenbewegung zerstört und wieder miteinander verkittet wurden (LESER 20065:583). Im Laufe der Zeit bildeten sich durch Verwitterungsprozesse und Abtragung in diesen Zonen die ersten Täler aus. „Auf dem Kristallin lagert [...] die mesozoische Sedimentdecke der hochtatrischen Serie", die vor allem aus Dolomiten, Kalksteinen und Konglomeraten besteht (BARSCH/KRÜGER 1989:236). Angrenzend an die hochtatrische Serie liegt die subtatrische Serie, die sich wiederum in untere, mittlere und obere subtatrische Decke untergliedert. Die genaue Abfolge der tektonischen Gesteinsschichten wird in Abbildung 5 verdeutlicht. Die Feinheiten des Gebirges bildeten sich erst in der präquartären und pleistozänen Epoche des Erdzeitalters aus[1]. Die Aufgliederung des komplexen Körpers der ursprünglichen Hohen Tatra ist zurückzuführen auf die Bildung von Wölbungshorsten und Innergebirgsbecken. Im späteren Verlauf kam es zu einer Einebnung des Reliefs. Die Stufe des Pliozäns gilt als die Hauptentwicklungsphase und bedingt die heutigen Ausprägungen des Gebirges (BARSCH/KRÜGER 1989:236-239). Während der letzten Eiszeiten waren weite Teile der Karpaten vergletschert. Glaziale und periglaziale Prozesse prägten im Laufe der Zeit das Gebiet in geomorphologischer Hinsicht sehr stark. Trogtäler bildeten sich weiter aus und Gletscherseen beziehungsweise Bergseen, wie der Morskie Oko

---

[1] Eine entsprechend erklärende geologische Zeitskala ist im Anhang zu finden

entstanden (BARSCH/KRÜGER 1989:238-239). Noch heute sind die Spuren der Vergletscherung im Gebiet um die Hohe Tatra deutlich zu erkennen.

Abb. 5: Tektonische Übersichtsdarstellung der Hohen Tatra

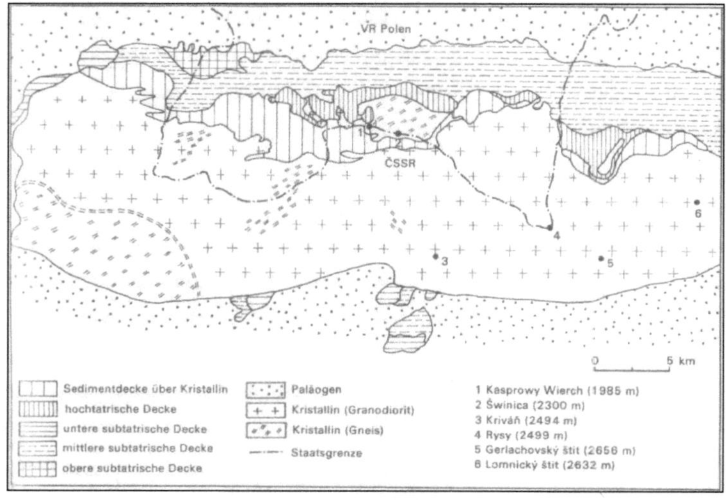

Quelle: Barsch/Krüger 1989:237

Bei näherer Betrachtung der tektonischen Entstehung des Karpatenbogens wird, wie bereits erwähnt, deutlich, dass ein Zusammenhang zwischen den Westkarpaten und den Ostalpen bestehen muss. Die diversen Sedimentschichten sind in beiden Gebirgszügen zu finden und auch die Schichtfolgen stimmen überein. Zwar wurde diese Frage im Laufe der Zeit vielfach von mehreren Autoren diskutiert, im Allgemeinen kann man die Westkarpaten jedoch als Fortläufer der östlichen Alpen bezeichnen (ANDRUSOV 1968:170-171).

3 Touristische Potenziale der Hohen Tatra

Die Karpaten sind in vielerlei Hinsicht zu einer der bekanntesten und beliebtesten Fremdenverkehrsregionen Polens und der Slowakei geworden. Die Ursprünge des Fremdenverkehrs reichen bis ins 17. Jahrhundert zurück. Angefangen von wenigen Besuchern, die das Hochgebirge Hohe Tatra besuchen wollten bis hin zum wirtschaftlich orientierten Pauschaltourismus in heutiger Zeit, erlebte die Region ein ständiges Auf und Ab in ihrer Entfaltung. Interessant auch für Westeuropa wurde das Gebiet allerdings erst in der Zeit zwischen den beiden Weltkriegen. „Der Fremdenverkehr konzentrierte sich vor allem in der Tatra- und Podhale-Region, in den Schlesischen Beskiden sowie in den Beskiden von Zywiec und Nowy Sacz und in den Insel-Beskiden" (KUREK 1994: 61). Zurückzuführen ist die Entwicklung aber vor allem auf die in der Region ansässige Bevölkerung, die ihre Häuser und Unterkünfte für Besucher herrichteten und sich später ganz auf den Fremdenverkehr konzentrierte. Im Laufe des 20. Jahrhunderts hat sich ein weit verzweigtes Netz von Fremdenverkehrsorten in der Karpatenregion entwickelt, das bis heute bedeutsam zu sein scheint. Mittlerweile konzentrieren sich fast 85 % der gesamten Übernachtungs-kapazitäten der Karpaten auf diese Orte, die vor allem in den beiden Woiwodschaften Bielsko-Biala und Nowy Sacz liegen (KUREK 1994:61). Trotzdem war und ist der Tourismus vor allem in den polnischen Karpaten und in der nord-östlichen Slowakei einer der wichtigsten Grundlagen, der den Transformationsprozess in diesen beiden vernachlässigten Regionen antreibt (DEMHARDT 2004:61). Die nachfolgende Grafik zeigt die Entwicklung der Beherbergungsbetriebe von 1998 bis 2008. Auffallend ist erstens, dass Polen wesentlich mehr Beherbergungsbetriebe aufzuweisen hat, als die Slowakei. Im Mittel sind in Polen 7.250 Betriebe mit Übernachtungsmöglichkeiten zu finden, während es in der Slowakei durchschnittlich nur etwa 2.014 Betriebe sind. Aber bei näherer Betrachtung fällt auf, dass die Slowakei eine stetig wachsende Zunahme dieser Betriebe vorzuweisen hat. Die Anzahl der Beherbergungsbetriebe in der Slowakei ist innerhalb von 10 Jahren um das doppelte gestiegen, während Polen einen Rückgang von etwa 13 % zu verzeichnen hat. Dies lässt darauf schließen, dass die Slowakei ihren wirtschaftlichen Schwerpunkt mehr und mehr auf die Entwicklung des Tourismus verlagert. Allerdings muss letztlich auch die Fläche des jeweiligen Landes und die Anzahl der Bevölkerung beachtet werden. Zudem ist in der Abbildung lediglich die absolute Anzahl der Betriebe abgebildet, sie sagt jedoch nichts über die tatsächliche

Größe des jeweiligen Betriebes aus. In der Slowakei wurden in den letzten Jahren viele neue Hotels und Unterkünfte errichtet, die eine entsprechend hohe Bettenzahl aufweisen. Bedingt durch die vielen kleinen Betriebe in Polen sind die Werte hier demzufolge wesentlich höher.

Abb. 6: Beherbergungsbetriebe in Polen und der Slowakei

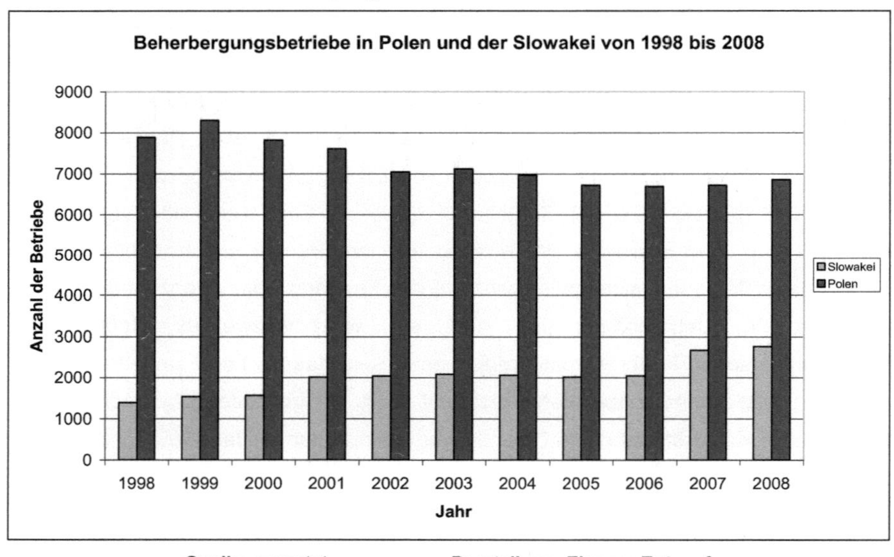

Quelle: eurostat   **Darstellung: Eigener Entwurf**

3.1 Die unterschiedlichen Schwerpunkte des Tourismus

Die Attraktivität der Landschaften in den Karpaten und die kulturellen Highlights der Ortschaften ziehen jährlich Millionen von Besuchern in die Grenzregion zwischen Polen und der Slowakei. Im Laufe der gesamten touristischen Entwicklung während der letzten 200 Jahre haben sich drei unverwechselbare Kategorien herauskristallisiert. Zum einen der Gesundheitstourismus, der vorwiegend in den Bäder- und Kurorten zu finden ist, zum anderen der Kulturfremdenverkehr in den historisch bedeutenden Städten und Ortschaften. Die dritte Kategorie ist der Bergtourismus in der Hohen Tatra, der sich wiederum in den Wintersport und in den Wandertourismus aufsplittert. Aber auch das erhebliche Potenzial an unberührter Natur ist für viele Urlauber wichtiges Kriterium, die Wahl ihres Urlaubsortes auf die Region der Hohen Tatra fallen zu lassen.

3.1.1 Gesundheitstourismus im slowakischen Hochland

Die Slowakei ist oft das Ziel einer Reise, welches Menschen mit unterschiedlichen Beweggründen und Absichten wählen. Ein sehr entscheidender Anlass für eine solche Reise ist das Vorkommen zahlreicher Thermalquellen, die im ganzen Land zu finden sind. In der folgenden Karte sind die Standorte der Heilquellen in der Slowakei grafische dargestellt.

Abb. 7: Heilbäder in der Slowakei

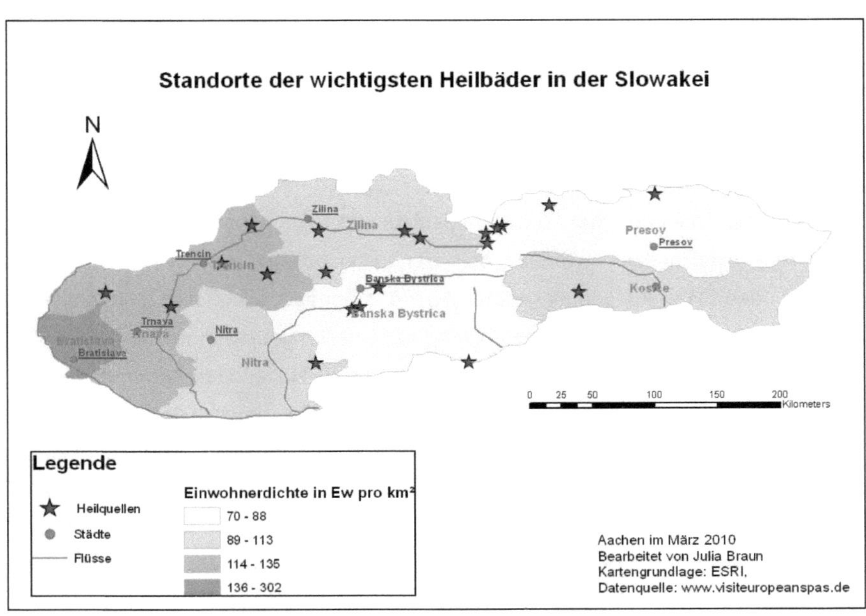

Quelle: www.visiteuropeanspas.com   **Entwurf: Eigene Darstellung**

Zusätzlich wird mithilfe der dargestellten Chorophleten die Bevölkerungsdichte in den einzelnen Kreisen der Slowakei abgebildet. Auffallend ist, dass sich die meisten Thermalquellen in den dünn besiedelten Regionen Presov und Banska Bystrica befinden. Dies wiederum ist zurückzuführen auf die Reliefstruktur der Slowakei. Dort wo die Einwohnerdichte unter 120 Einwohnern pro km² liegt, befindet sich das Tatragebirge und Teile der Karpaten, sodass ein urbaner Lebensstil in diesen Regionen nahezu unmöglich ist, sondern hier der touristische Aspekt im Vordergrund steht. Schon seit dem 19. Jahrhundert sind vor allem die Kurorte Piestany und Trencianske Teplice am Fluss Váh für ihre erholsamen und regenerierenden Quellen bekannt. Vermögende Kranke und hohe Geistliche aus allen Nachbarländern der Slowakei reisten zu den Thermalquellen, um die Hoffnung auf Heilung erfüllt zu bekommen oder um lediglich eine Erholungsreise zu machen. 1891 begann die Slowakei die Heilbäder kommerziell zu vermarkten und ab diesem Zeitpunkt waren die unzählbaren Thermalquellen und luxuriösen Spa-Resorts der Slowakei in ganz Mitteleuropa bekannt (DEMHARDT 2004:61). Mittlerweile sind rund 1.200 Heilquellen in der Slowakei registriert, 25 Standorte sind als staatlich anerkannte Kurorte deklariert und werden vom Staat gesetzlich geschützt. Das Vorkommen der Thermalquellen ist auf die geologisch-tektonische Entwicklung, sowie die vulkanische Aktivität während des Tertiärs in den Karpaten und der Hohen Tatra zurückzuführen. Man findet Quellen unterschiedlichster mineralischer Zusammensetzungen. Vor allem sulfat-, kalk- und schwefelhaltige Heilquellen werden bei der Behandlung von Patienten mit schwerwiegenden Erkrankungen eingesetzt. Aber das Angebot richtet sich auch an Kur- und Wellnessurlauber, die die heilende Wirkung der Quellen genießen wollen (VERBAND DER SLOWAKISCHEN HEILBÄDER 2010:Slowakei – Kurorte). Neben den Mineralthermen spielt auch das Heilklima der slowakischen Luftkurorte eine entscheidende Rolle im Hinblick auf den Gesundheitstourismus. So sind vor allem die Regionen um die Hohe Tatra, Nový Smokovec, Strbské Pleso und Stós Lucivna für ihr regenerierendes Klima bekannt. Lungen- und Atemwegserkrankten verspricht die klare, gesunde Hochgebirgsluft eine erhebliche Verbesserung ihrer Lebensqualität (BRATISLAVA – INFORMATIONEN ZUR SLOWAKEI 2010: Gesundheit in der Bergwelt).

3.1.2 Der städtisch-kulturelle Tourismus in der Tatra-Region

Neben den zahlreichen Thermalquellen und Kurorten, sowie der einzigartigen Landschaft, sind auch die kulturellen Gegebenheiten in der Slowakei von großem Interesse. Seit dem Ende des Sozialismus im Osten Europas 1990 änderte sich das Erscheinungsbild slowakischer Städte und Ortschaften fundamental. „The radical transformation from socialist planning to capitalist free market laissez-faire revived almost overnight the presocialist advantages of centrality of the inner cities" (DEMHARDT 2004:64). Resultierend aus diesem Umschwung setzte der Beginn der Tertiärisierung in den Zentren der Hohen Tatra auch erst ab diesem Zeitpunkt ein. Alte, verfallene Gebäude und vernachlässigte Ortschaften wurden wieder aufgebaut und revitalisiert. Der urbane, westliche Lifestyle entwickelte sich in den großen Zentren der Slowakei schlagartig und hatte vor allem für die Oberschicht große Vorteile. Diese waren es auch, die als die absoluten Gewinner vom stattgefundenen Transformationsprozess zehrten. Für die arme Bevölkerung hingegen war diese Wende jedoch mit erheblichen Problemen verbunden. Der Unterschied zwischen Arm und Reich wuchs ins Unermessliche und vor allem marginale Minderheiten, wie beispielsweise die Bevölkerungsgruppe der Roma, galten als Verlierer dieses Transformationsprozesses (DEMHARDT 2004:64). Aber dessen ungeachtet wurde in den Städten im Gebiet der Hohen Tatra durch den Revitalisierungsprozess neues touristisches Potenzial geschaffen. Die Zentren der Ortschaften wurden interessanter und ansprechender und galten von nun an für viele Westeuropäer als attraktives Urlaubsziel mit hervorragendem Preis-Leistungs-Verhältnis.

3.1.3 Naturfremdenverkehr und Skitourismus

Die geologisch-tektonischen Entwicklung der Hohen Tatra hat das kleinste Hochgebirge Europas in vielerlei Richtungen geprägt. Die Landschaft ist durchzogen von weiten Tälern und Schichtstufen, die durch Gletscher geformt worden sind. Die nach der Eiszeit entstandenen Kar- und Moränenseen sind mittlerweile Erkennungszeichen des Gebietes rund um die Hohe Tatra. Der bekannteste und größte Bergsee der Region ist der Morskie Oko, zu Deutsch -Fischsee-, oder Meeresauge. Aber auch der mit 76m zweittiefste Bergsee der Region, der Czarny Staw ist beliebtes Ausflugsziel für naturbegeisterte Urlauber (GAWIN/SCHULZE 2006:13). Weitere Zeichen der glazialen Epoche finden sich vor allem auf der Nordseite der Hohen Tatra. Wasserfälle wie der Obrobský vodopád oder die charakteristisch geformten Gletschertäler sind Höhepunkte einer jeden Wanderung. Deutlich zu erkennen sind die End- und Seitenmoränen, die die Ausdehnung der Gletscher auch heute noch verdeutlichen. In der subalpinen und alpinen Zone, oberhalb der Baumgrenze trifft man auf zerklüftete Felswände und Gesteine, deren Entwicklung und heutiges Erscheinungsbild auf die Frostverwitterung zurückzuführen ist (BARSCH/KRÜGER 1989:244-245). Eine Floßfahrt auf dem Dunajec, einem Canyon in den Westkarpaten gehört zu den Highlights einer jeden Tatra-Reise (GAWIN/SCHULZE 2006/100). Seit 1953 ist das Gebiet um die Hohe Tatra als Nationalpark mit mehr als 715 km² Gesamtfläche deklariert. Motorisierter Verkehr ist so gut wie nicht erlaubt und die Anforderungen, die an einen Nationalpark gestellt werden, werden strikt eingehalten, um die Schönheit dieser Region zu erhalten. Um die Attraktivität und Sicherheit des Gebirges für Wanderer zu gewähren, wurden die meisten Wege befestigt, gut ausgebaut und mit Markierungen der Wanderrouten kenntlich gemacht. Viele Wege und Klettertouren oberhalb der Baumgrenze sollten allerdings nur gemeinsam mit erfahrenen Bergführern durchgeführt werden. Auch die vielen Grotten und Höhlen, die auf Grund der tektonischen Entwicklung der Hohen Tatra entstanden sind, bleiben zum Teil Forschern vorbehalten oder sind nur mit ausgebildeten Führern zu erkunden. Seit Beginn des Sommertourismus in der Hohen Tatra hat sich das Gebiet zu einem der bekanntesten und beliebtesten Urlaubsregionen Polens und der Slowakei entwickelt, welches durchaus mit der touristischen Erschließung der Alpen vergleichbar ist. Ende des 19. Jahrhunderts mit der Einführung von Schlitten, Skiern und Pisten war die Region auch in den Wintermonaten beliebtes Urlaubsziel und somit ganzjährig attraktiv (DEMHARDT 2004:63). Die Hohe Tatra ist mittlerweile eines der beliebtesten Wintersportgebiete Europas. Sowohl Anfängern als auch Fortgeschrittenen werden präparierte Abfahrten jeglicher Schwierigkeitsgrade geboten. Den Skilanglauf-Begeisterten stehen mehrere Loipen zur Verfügung. Ausgangspunkt für die meisten Wintersportaktivitäten ist die Stadt Zakopane an den Nordausläufern der Hohen Tatra. Auf Grund der Tatsache, dass im Laufe des 20. Jahrhunderts mehrere nationale und internationale Skiwettkämpfe in der Umgebung von Zakopane stattfanden, konnte sich die Region im Hinblick auf den gewinnbringenden Tourismus weiter beweisen und sich auf weltweiter Eben einen Namen in Sachen Wintersport zuschreiben. Die Hohe Tatra bietet Naturbegeisterten

Touristen Attraktion in jeglicher Hinsicht. Flanierende Wandertouristen als auch Extrem-Bergsteiger und Kletterer kommen hier auf ihre Kosten. Skisportlern und Winterbegeisterten garantiert die Region eine Alternative zu den teilweise extrem überlaufenden Wintersportgebieten in den Alpen. Der ganzjährige Tourismus im Gebiet der Hohen Tatra ist für Polen und die Slowakei der Schlüssel zu einem Entwicklungsstand, der sich dem Standart in der Europäischen Union annähert. Der zukünftigen Genese dieser Region ist mit dem Fremdenverkehr eine fundierte Basis geschaffen worden, die Ausgangspunkt für viele weitere Fortschritte sein wird.

3.2 Zakopane – Das touristische Zentrum der polnischen Tatra im Vergleich zum Wintersportgebiet St. Anton am Arlberg in Österreich

Zakopane ist eine der südlichsten Städte Polens, gleichzeitig höchste Stadt und größtes Wintersportzentrum des Staates. Die Stadt liegt auf etwa 850 m Höhe in einem Tal an den Nordausläufern der Hohen Tatra und ist mit 30.000 Einwohnern eines der beliebtesten Touristenzentren Polens. Zakopane liegt 100 km südlich von Krakau an der Grenze zur Slowakei. Das Klima ist im Vergleich zu andern Gebieten Polens, auf Grund der hohen Lage relativ kühl. Allerdings bildet zum einen das Tatragebirge im Süden einen natürlichen Schutz, zum anderen hält der Bergrücken des Gubałówka im Norden der Stadt die eisigen Nordwinde ab. Zudem wird eine überdurchschnittlich hohe Anzahl an Sonnenstunden gemessen. Zakopane verfügt daher über hervorragende Voraussetzungen für touristische Aktivitäten aller Art (GAWIN/SCHULTZE 2006:31).
Zakopane wurde im 17. Jahrhundert von Bergvölkern und Farmern gegründet und war lange Zeit unter dem Namen Kopane, zu Deutsch -gerodete Waldlichtung- bekannt. Während Zakopane unter österreichischer Herrschaft stand, wurde im Süden der Stadt ein Zentrum der Hüttenindustrie errichtet. Häuser und Unterkünfte der Besitzer und Eigentümer wurden an Gäste und Besucher vermietet. Die Schönheit Zakopanes und der Hohen Tatra wurde entdeckt und von nun an galt die Region als beliebter Ausgangsort für Wanderungen im Tatra Gebirge. Die Stadt entwickelte sich nach und nach zum Touristenzentrum. 1885 wurde das erste Hotel -The Pod Giewontom Hotel- errichtet, 1886 erlangt die Ansiedlung Kurortstatus und wurde Gesundheitszentrum. Doch wohl das bedeutendste Ereignis im Hinblick auf die Touristische Entwicklung der

Stadt war der Bau einer Eisenbahnlinie von Chabówska nach Zakopane im Jahre 1899 (ZAKOPANE PROMOTION OFFICE 2010: History of Zakopane).

Nach dem zweiten Weltkrieg galt die Stadt als sozialistisches Kultur- und Sportzentrum. In den 50er und 60er Jahren wurden vermehrt Plattenbauten errichtet, was der Stadt ein eher verwahrlostes Aussehen verlieh. Den entscheidenden Aufschwung erlangte Zakopane Ende der 80er Jahre mit dem Ausbau der Infrastruktur. Ziel war es vor allem, Touristen aus westlichen Ländern anzulocken, was der Stadt letztlich auch gelang. Zakopane bewarb sich sogar als Austragungsort der olympischen Winterspiele 2010, allerdings wurde Vancouver in Kanada gewählt (GAWIN/SCHULTZE 2006:35-36).

Zakopane hat sich im Laufe der Zeit vom einsamen Bergdorf zum beliebten Touristenzentrum entwickelt. Jeden Winter besuchen etwa drei Millionen Skibegeisterte die Stadt um sie als Ausgangsort für Wintersportaktivitäten aller Art zu nutzen. Seit einigen Jahren findet hier sogar alljährlich ein Weltcup im Skispringen statt (MÜLLER 2010: Zakopane – Wintersport in Polen). Zakopane gilt als die wichtigste polnische Wintersportregion und zeichnet sich durch ihren alpinen Charakter aus.

Im knapp 500 km entfernten St. Anton am Arlberg, einem der bekanntesten und beliebtesten Wintersportregionen Österreichs, liegt das Augenmerk der Touristen und Skibegeisterten allerdings nicht nur auf dem reinen Abfahrtgeschehen, sondern vielmehr auf den damit verbundenen Aktivitäten rund um den Wintersport. Bereits 1901 wurde in dem kleinen Örtchen einer der ersten Skiclubs der Alpen gegründet (TOURISMUSVERBAND ST. ANTON AM ARLBERG 2010:St. Anton am Arlberg). St. Anton ist ein kleines Bergdorf in Tirol mit lediglich 2.680 Einwohnern auf 1.300 m Höhe. Nichts desto trotz zählt das kleine Dörfchen zu den begehrtesten Skiregionen Österreichs. Feriengäste, die hier ihren Urlaub verbringen, haben hohe Ansprüche. „Ausgezeichneter Gästeservice, Gondelbahn mit Riesenrad, das Wellnesscenter ARLBERG-well.com, Gourmetküche vom Feinsten, ein ausgezeichnetes Wandergebiet, das neue funktionale Sportzentrum und zahlreiche Veranstaltungen" machen St. Anton zu einer Tourismusregion der Extraklasse (TOURISMUSVERBAND ST. ANTON AM ARLBERG 2010:Ein Wintersportgebiet der Superlative). Der Arlberg gehört zu den schneesichersten Regionen ganz Österreichs mit mehreren hundert Kilometern präparierter Pisten, mit Tiefschneeabfahrten, Bergbahnen, Liften und Loipen. Im Gegensatz zu Zakopane in Polen legt St. Anton großen Wert auf die Vielfalt der Aktivitäten während eines Aufenthalts. Dem beliebten Bergdorf ist es gelungen Tradition mit Moderne, Sport mit Vergnügen und Winterurlaub mit Wellnessaufenthalt zu vereinigen. Aber die Region um St. Anton ist auch im Sommer beliebtes Ferienziel für viele Naturliebhaber, Sportler und Wanderer (TOURISMUSVERBAND ST. ANTON AM ARLBERG 2010:St. Anton am Arlberg). Die Parallelen zum polnischen Zentrum des Skisports, Zakopane, sind unverwechselbar. Beide Orte sind im Hinblick auf den Tourismus für ihr Land unabdingbar, werden auch in Zukunft an Bedeutung gewinnen und sich auf internationaler Ebene einen Namen verschaffen.

4 Fazit

Festzuhalten ist, dass die Thematiken der Hohen Tatra, ihrer physisch-geographischen Genese und ihres touristischen Potenzials so facettenreich sind, wie kaum andere. Bei der Auseinandersetzung mit dieser Themenstellung waren viele interessante Begebenheiten Grundlage für die Ausarbeitung. Der geotektonische Werdegang der Hohen Tatra und der Westkarpaten zeigt, dass die Alpen und die Westkarpaten in engem Zusammenhang stehen, obwohl sie mehr als 300 km voneinander entfernt liegen. Die geomorphologische Entwicklung der Hohen Tatra bedingt in heutiger Zeit den Fremdenverkehr im Süden Polens und im Norden der Slowakei. Die touristischen Kapazitäten dieser Gebirgsregion wurden im letzten Jahrhundert entdeckt und ausgebaut. Zwar erlebt das Gebiet auch weiterhin immer wieder Rückschläge in der Entwicklung, wie der Orkan im November des Jahres 2004 bewies, der weite Teile des Tatrawaldes vernichtete, aber dennoch gelingt es der dortigen Bevölkerung die Schönheit ihrer Region zu erhalten und sie der Welt zugänglich zu machen. Die Slowakei als auch Polen besitzen ein ganz außerordentliches Potenzial an Naturvielfalt und unberührter Landschaft, was bisher weit unterschätzt worden ist. Die zukünftige Entwicklung dieser Regionen verspricht eine noch weitere Entfaltung dieses einzigartigen Gebirgszuges und seines Umlandes. Nicht außer Acht gelassen werden darf dabei der ökologische Faktor. Starke Umweltbelastungen durch Touristen sollten weiterhin vermieden werden, damit auch für zukünftige Generationen das außergewöhnliche Potenzial dieser kleinen Region im Herzen Europas zugänglich ist.

Literaturverzeichnis

ANDRUSOV, D. (1968): Grundriss der Tektonik der nördlichen Karpaten. Bratislava: Verlag der slowakischen Akademie der Wissenschaften Bratislava.

BARSCH, H./KRÜGER, W. (1989): Physisch – geographische Charakteristik der Hohen Tatra. In: Geographische Berichte 34(4), 231-245.

BRAXMEIER, H. (2010): Shuttle Radar Topography Mission by maps for free. <http://maps-for-free.com> abgerufen am 09.03.2010.

DEMHARDT, I. (2004): Tourism in Slovakia. Mountains, spas and old cities. In: Greifswalder Beiträge zur Regional-, Freizeit- und Tourismusforschung 15, 60-68.

EBSTER, M. (2010): St. Anton am Arlberg. <http://www.stantonamarlberg. com/de/winter/presse/index.html> abgerufen am 17.03.2010.

GAWIN, I./SCHULZE, D. (2006): Hohe Tatra – Zakopane und Umgebung. Bremen: Edition Temmen.

GEBHARDT, H./GLASER, R./RADTKE, U./REUBER, P. (2007): Geographie – Physische Geographie und Humangeographie. München: Elsevier GmbH.

HALTENBERGER, M. (1962): Natur und Kultur in den Karpaten. In: Geographische Rundschau 14(10), 397-404.

KUREK, W. (1994): Der Einfluss des Tourismus auf soziökonomische Wandlungsprozesse der ländlichen Gebiete in den polnischen Karpaten. In: Salzburger Geographische Arbeiten 26, 61-69.

LESER, H. (2005): Wörterbuch Allgemeine Geographie. München: Deutscher Taschenbuch Verlag GmbH & Co. KG

Müller, M. (2010): Zakopane – Wintersport in Polen. <http://www.polen-digital.de/zakopane/> abgerufen am 15.03.2010.

Rothkegel, U. (2010): Bratislava – Informationen zur Slowakei. <http://www.bratislava.de> abgerufen am 13.03.2010.

Succow, M. (1989): Die Karpaten. In: Klotz, G. (Hrsg.) (1990): Hochgebirge der Erde und ihre Pflanzen- und Tierwelt. Leipzig: Urania-Verlag, 159-164.

Verband Europäischer Heilbäder (2010): Heilbäder in der Slowakei. <http://www.visiteuropeanspas.de/slowakei/> abgerufen am 13.03.2010.

Zakopane Promotion Office (2010): Tourism and Town. <http://www.promocja.zakopane.pl> abgerufen am 15.03.2010.

Anhang

Vereinfachte geologische Zeitskala mit einigen globalen oder für Mitteleuropa bedeutsamen Ereignissen

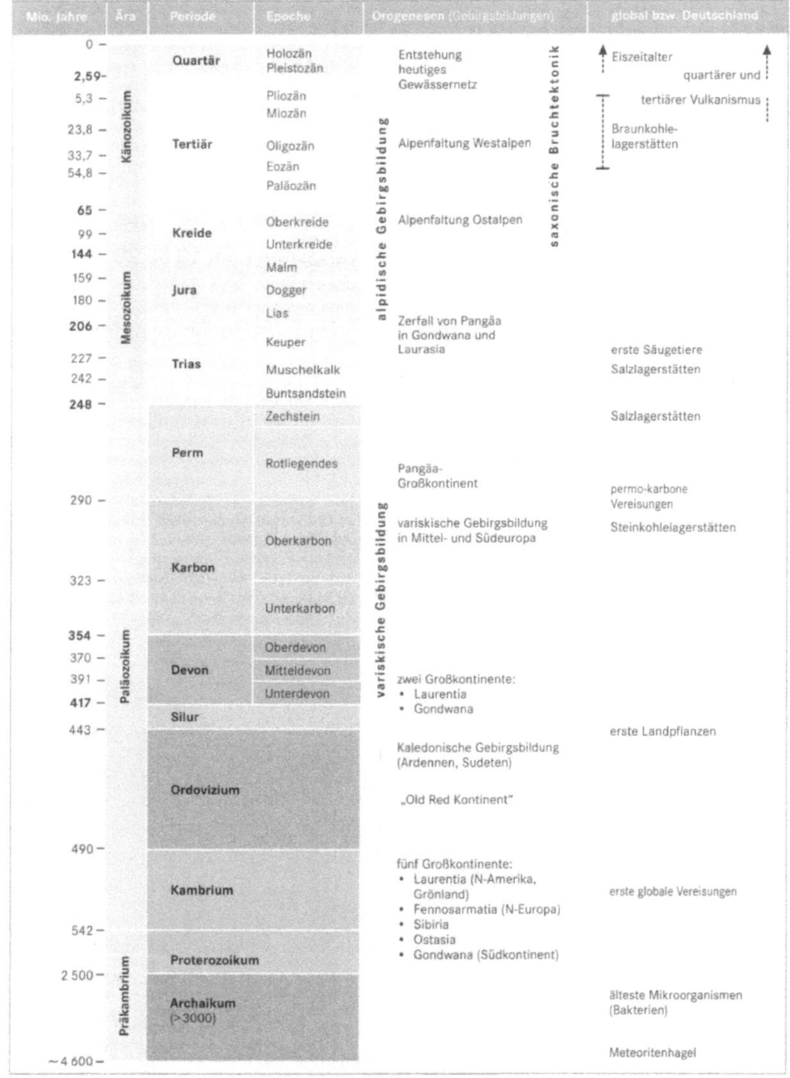

Quelle: Gebhardt et al. 2007:277